Verena Thurnes

Versuch einer toxikologischen Bewertung ausgewählter mutagener und karzinogener Produkte der Maillard-Reaktion

Dokument Nr. V150248 aus dem GRIN Verlagsprogramm

Verena Thurnes

Versuch einer toxikologischen Bewertung ausgewählter mutagener und karzinogener Produkte der Maillard-Reaktion

GRIN Verlag

Bibliografische Information der Deutschen Nationalbibliothek: Die Deutsche Bibliothek verzeichnet diese Publikation in der Deutschen Nationalbibliografie; detaillierte bibliografische Daten sind im Internet über http://dnb.d-nb.de/ abrufbar.

1. Auflage 2008

http://www.grin.com/
Druck und Bindung: Books on Demand GmbH, Norderstedt Germany
ISBN 978-3-640-62154-5

Inhaltsverzeichnis

Tabellenverzeichnis

Abbildungsverzeichnis

Vorwort

Schlagworte wie „Chips verursachen Krebs“ und „Bratkartoffeln sind ungesund und giftig“ verunsichern seit Ende der neunziger Jahre weltweit Verbraucher. Acrylamid wurde zum Modewort und wird bis heute noch mit Krebsentstehung assoziiert. Spätestens zu diesem Zeitpunkt wurde die Maillard-Reaktion populär. Die Paranoia, die regelrecht in der Bevölkerung verbreitet wurde, entstand vor allem daher, dass die Allgemeinbevölkerung zum Einen damit konfrontiert war, dass Acrylamid beispielsweise bei der täglichen Zubereitung in jedem Haushalt entsteht und zum Anderen, dass eine große Verunsicherung aufgrund von Wissenslücken auf die Bevölkerung einprasselte.

Diese Arbeit beschäftigt sich mit der Maillard-Reaktion an sich, ihren verschiedenen Reaktionsphasen und ihren Ausgangsprodukten sowie den aus der Reaktion hervorgehenden Endprodukten, den sogenannten Maillard-Produkten (MRP). Ebenso werden Zwischenprodukte aufgegriffen, die einen entscheidenden Beitrag zur Bildung der „finalen“ Maillard-Produkte leisten.

Die Arbeit soll auf der einen Seite mögliche toxische Maillard-Produkte in Hinblick auf Karzinogenität und Mutagenität/Genotoxizität darstellen, aber auch in einem kleinen Überblick die Vorteile der Maillard-Reaktion vorzeigen, denn nur eine komprimierte Abbildung und Darstellung beider Seiten, der „guten“ und der „bösen“ Maillard-Produkte, kann letztendlich dem Leser und Verbraucher einen objektiven Einblick verschaffen.

Weiterhin soll ein Überblick darüber gegeben werden, inwiefern die Ergebnisse verschiedener Studien auf den Menschen übertragbar sind, denn der überwiegende Anteil der Versuche wurde an Tieren durchgeführt.

1 Einleitung

Die Maillard Reaktion wurde erstmals 1912 durch den Franzosen *Louis Camille Maillard* dokumentiert [1]. *Maillard* experimentierte mit einem Gemisch aus D-Glucose und Glycin, welches er erhitzte. Die Reaktion führte zur Bildung einer Braunfärbung. Aufgrund dieser Braunfärbung erhielt die Maillard-Reaktion ihren Beinamen der nichtenzymatischen Bräunung [2].

Die Maillard-Reaktion konnte bis heute aufgrund ihrer großen Anzahl an miteinander reagierenden Ausgangsprodukte und der verschiedenen Phasen der Reaktion nicht vollständig aufgeklärt werden. Unzählige Studien versuchen sich mit der vollständigen Aufklärung der Reaktionswege. Viele Wissenschaftler beschäftigen sich allein mit dieser Reaktion.

Die Maillard-Reaktion ist aufgrund verschiedener Aspekte für die Lebensmittel-verarbeitende Industrie sowie für den Endverbraucher von Bedeutung. Nicht nur die meist unerwünschte Bräunung in Lebensmitteln ist hierbei von Interesse, sondern ebenso die erwünschte Bräunung, die Aroma- und Geschmacksbildung bis hin zur physiologisch ablaufenden Maillard-Reaktion im menschlichen Organismus [3].

2 Die Maillard-Reaktion

Zur Auslösung der Maillard-Reaktion bedarf es zweier Reaktionspartner. Auf der einen Seite reduzierende Zucker, auf der anderen Seite freie Aminogruppen [2].

Reduzierende Zucker haben eine freie Aldehydgruppe (COH) bzw. eine Keto-Gruppe (C=O), wobei die Aldehydgruppe reaktiver ist als die Ketogruppe. Zu den reduzierenden Zuckern, welche für die Maillard-Reaktion von Relevanz sind, zählen vorwiegend Glucose, Fructose, Maltose, Lactose, Galaktose sowie einige Pentosen wie Ribose [4].

Die erforderlichen freien Aminogruppen stammen aus Proteinen, Peptiden, Aminosäuren, Aminen etc. Zu beachten ist, dass die verschiedenen Aminogruppen nicht gleich stark reaktiv sind [3]. Als sehr reaktionsfreudig stellte sich die ε-Aminogruppe des Lysins heraus.

2.1 Rahmenbedingungen der Maillard- Reaktion

Die Maillard-Reaktion wird begünstigt durch schon leicht erhöhte Temperaturen. Der Q_{10}-Wert der Maillard-Reaktion beträgt 3 bis 6. Dies bedeutet, dass die Maillard-Reaktion pro 10°C Temperaturerhöhung 3-bis 6-mal schneller abläuft. Ein hoher Wassergehalt fördert die Maillard-Reaktion, ebenso wie längere Lagerzeiten [4]. Sollte die Maillard-Reaktion unerwünscht sein, so kann sie auch durch Herabsetzung des pH-Wertes minimiert bis vermindert werden.

2.2 Phasen der Maillard Reaktion

Die Maillard-Reaktion verläuft in drei verschiedenen Phasen ab:

1. Initialstadium
2. Amadori-/Heyns- Umlagerung
3. Endstadium mit Strecker-Abbau

2.2.1 Initialstadium

Die Anfangsphase der Maillard-Reaktion, auch als frühe Phase bezeichnet, soll im Folgenden anhand der Reaktion von Glucose mit einer Aminogruppe erläutert werden. Die Aminogruppe von Aminosäuren oder Aminen ($-NH_2$) verhält sich aufgrund des freien Elektronenpaares am Stickstoffatom nukleophil, kann somit ein Proton aufnehmen. Glucose als reduzierendes Kohlenhydrat besitzt die Carbonylgruppe (-CHO). Hieran addiert die Aminogruppe. Es kommt unter Wasserabspaltung zur Bildung eines Kondensationsproduktes, dem Imin, im Folgenden als Schiff*sche* Base bezeichnet. Bei dieser Reaktion wird das Sauerstoffatom der Glucose durch ein Stickstoffatom ersetzt. Die Schiff*schen* Basen sind instabile Zwischenprodukte. Unter Anlagerung von Wasser würden sie wieder in die Ausgangsprodukte zerfallen [3]. Über die Umlagerung zum 1,2-Enaminal erhält man die 1-Amino-1-desoxy-ketose, die sogenannte Amadori-Verbindung. Analog hierzu führt die Reaktion einer Ketose wie Fructose mit einer Aminogruppe zu einer Heyns-Verbindung [4]. Amadori-Verbindungen sind im Gegensatz zu Heyns-Verbindungen nicht mehr reversibel. Aufgrund dessen werden mögliche gesundheitsgefährdende Wirkungen von Maillard-Produkten auch nur anhand von Amadori-Verbindungen untersucht [5].

Das Initialstadium wird auch als Phase der nukleophilen Addition, in welcher Aminogruppen mit reduzierenden Zuckern kondensieren, mit anschließender Umlagerung, bezeichnet [3]. Amadori-und Heyns-Produkte sind ebenfalls nur begrenzt stabil und somit ebenfalls wie die Schiff*schen* Basen nur Zwischenprodukte in der Maillard-Reaktion, sind jedoch in der Lebensmittel-Analytik trotzdem von Bedeutung, wie im Verlauf der Arbeit aufgezeigt wird [4].

2.2.2 Intermediärstadium

In der zweiten Phase der Maillard-Reaktion kommt es zur Bildung hoch reaktiver Desoxyosone (α-Dicarbonyle). Die Amadori-Produkte werden schon im pH-Bereich von 4 bis 7 zu 1-, 3-und 4-Desoxyosonen abgebaut [4]. Diese Abbaureaktion erfolgt durch Enolisierung und Wasserabspaltung.

Unter Enolisierung oder auch Tautomerie versteht man eine bestimme Form der Isomerie. Dies bedeutet, dass das Enol- hier die Amadori-Verbindung- in seinen beiden tautomeren Formen, das 2,3-Enaminol und das 1,2-Enaminol übergeht, so dass unter Wasserabspaltung und Hydrolyse des Imin-Kations das 3-Desoxyoson entsteht.

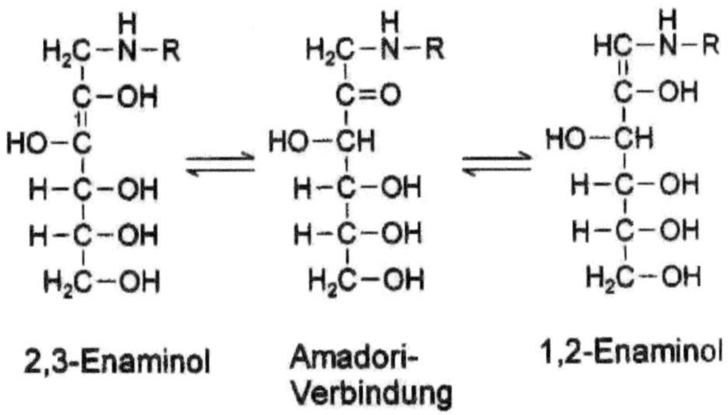

Abbildung 1: Amadori-Verbindung und ihre beiden tautomeren Formen

Aus dem 2,3-Enaminol entsteht durch Eliminierung der Aminosäure das 1-Desoxyoson und durch Wasserabspaltung am C-4-Atom das 4-Desoxyoson.

2.2.3 Endstadium

Im Endstadium der Maillard-Reaktion kommt es zur Bildung von niedermolekularen Prämelanoidinen mit einem Molekulargewicht von unter 10000 und von höhermolekularen komplexen Melanoidinen mit einem Molekulargewicht von über 10000. Sie entstehen durch Kondensations-und Polymerisationsreaktionen aus den verschiedenen reaktiven Intermediaten, welche miteinander reagieren. Es handelt sich um gelb-braun bis schwarz gefärbte Endprodukte der Maillard-Reaktion. Ihre Entstehung und Struktur ist bis heute noch nicht komplett aufgeklärt. Melanoidine werden auch als Advanced glycation endproducts (AGEs) bezeichnet, wobei sich die Wissenschaft noch nicht einig ist, ob der Begriff „AGE“ nur in Zusammenhang mit der Maillard-Reaktion im Organismus verwendet werden sollte.

2.2.3.1 Strecker-Abbau

Die im Intermediärstadium gebildeten Desoxyosone sind hoch reaktiv. Sie können reagieren bei höheren Konzentrationen an Aminosäuren und/oder höheren Temperaturen und/oder unter Druck weiter. Bei der Reaktion der Desoxyosone mit Aminosäuren wird die Aminosäure decarboxyliert und desaminiert. Als Produkte erhält man die sogenannten Strecker-Aldehyde, welche sehr stark geschmacks-und aromawirksam sind [3]. Aus den α-Dicarbonylverbindungen (Desoxyosone) entstehen α-Aminoketone, welche wiederum durch Wasserabspaltung zu Pyrazinen umgelagert werden. Pyrazine -besser bekannt als „Röstaromen“- sind ebenso wie die Strecker-Aldehyde aroma-und geschmackswirksam.

2.3 Produkte der Maillard-Reaktion in Lebensmitteln

Die Maillard-Reaktion führt zur Bildung vieler verschiedenartiger Produkte, welche im weiteren Verlauf der Arbeit näher erläutert werden. Ein kurzer Überblick sei hier gegeben:

- Farbstoffe (Melanoidine)
- Geschmacksstoffe (Bitterstoffe, Fehlgeschmack)
- reduzierende Substanzen, die antioxidativ wirken
- mutagene Verbindungen, karzinogene und genotoxische Stoffe
- Verbindungen, welche Quervernetzungen von Proteinen verursachen

Aufgrund der großen Vielzahl an Maillard-Produkten wird zunächst auf die erwünschten und unerwünschten Verbindungen eingegangen, welche als bekannte Verbindungen gelten. Im zweiten Teil der Arbeit werden mögliche gesundheitsgefährdende Produkte der Maillard-Reaktion diskutiert.

2.3.1 Folgeprodukte der Desoxyosone

2.3.1.1 Folgeprodukte der 3-Desoxyosone

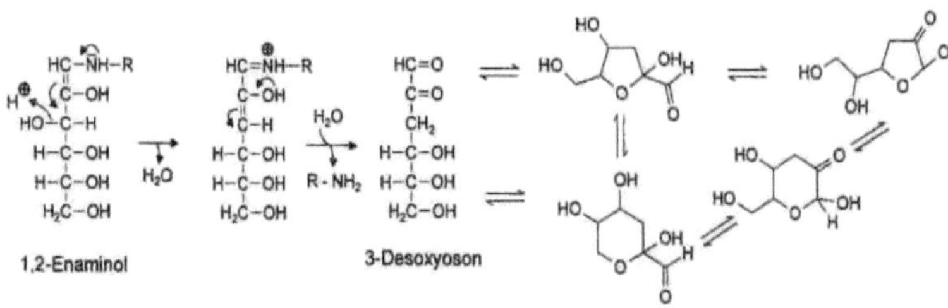

Abbildung 2: Bildung von 3-Desoxyosonen

3-Desoxyosone werden über Wasserabspaltung und Enolisierung zu 3,4-Didesoxyoson umgebaut, welche unter weiterer Wasserabspaltung zu Hydroxymethylfurfural (HMF) reagiert. Hydroxymethylfurfural ist ein Aldehyd und entsteht im Intermediärstadium. HMF besitzt ein leichtes Karamell-Aroma und ist blässlich gelb gefärbt. HMF ist ein Indikator für die Erhitzung von Orangensäften, H-Milch und Marmeladen. Aktuell wird eine toxische Eigenschaft diskutiert (siehe Kapitel 3.3.2).

Aus 3-Desoxyosonen können auch Pyranone entstehen. Die bekannteste Verbindung ist das ß-Pyranon.

Das „Malzaroma" entsteht ebenso aus der Reaktion der 3-Desoxyosone zu Malzoxazin, welches ein typisches Aroma für Malz und Bier ist [4].

In Gegenwart von Ammoniak bilden sich aus 3-Desoxyosonen hauptsächlich Pyrazine und Imidazole. Pyrazine sind starke Aromasubstanzen. Sie sind in Eiern, Milchprodukten und Fisch für einen muffigen Aromafehler verantwortlich [4]. Imidazole konnten aus Zuckercouleur isoliert werden.

2.3.1.2 Folgeprodukte der 1-Desoxyosone

Furaneol entsteht aus 1-Desoxyosonen durch Reduktion am C_1-Atom des Kohlenhydrates und besitzt ein Karamell-Aroma. Es kommt natürlicherweise in Erdbeeren und Ananas vor [4].

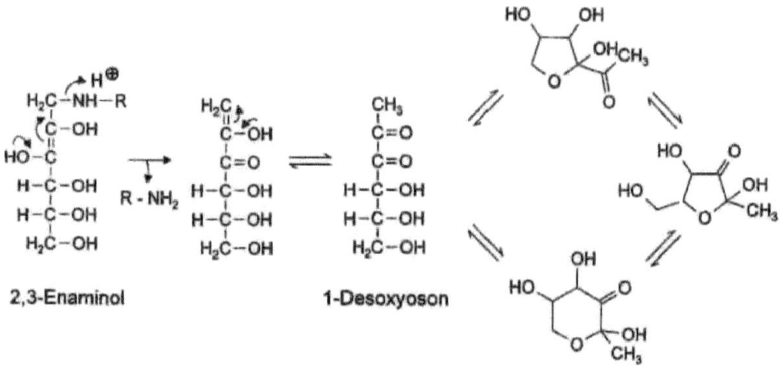

Abbildung 3: Bildung von 1-Desoxyosonen

Eine weitere Produktgruppe, welche als Folgeprodukte der 1-Desoxyosone entstehen kann, sind Reduktone. Reduktone besitzen die Eigenschaft, sauer zu und antioxidativ zu wirken [6], wodurch sie die Lagerzeiten von Lebensmitteln begünstigen. Bei längerer Lagerung können sie jedoch auch Geruchs-und Geschmacksstoffe von Lebensmittel zerstören.

Beispiele für Reduktone seien im Folgenden gegeben. Maltol entsteht durch die Reaktion von Maltose mit Aminosäuren und prägt das Aroma von Malz grundlegend. Es wird zur Gruppe der Karamell-Aromen gezählt.

Ebenso wurde die Bildung von Isomaltol aus Galaktose/Lactose bei der Erhitzung von Milch nachgewiesen [4].

Versuche mit Reaktionsgemischen, welche vorwiegend Prolin und Hydroxyprolin als Reaktionspartner des Kohlenhydrates enthielten, führten über 1-Desoxyosone zu entsprechenden Reduktonen mit Bittergeschmack [4].

2.3.1.3 Folgeprodukte der 4-Desoxyosone

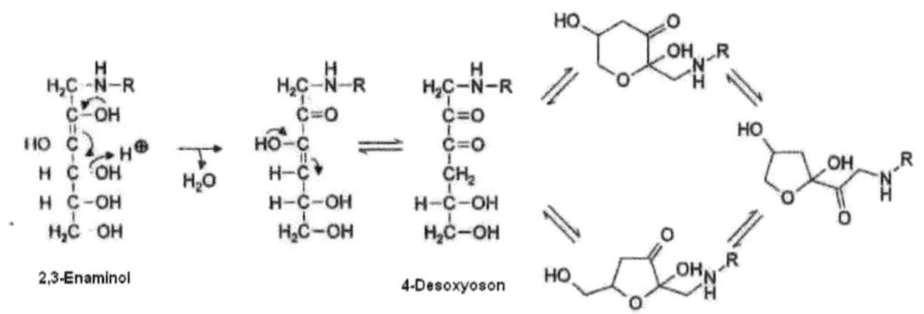

Abbildung 4: Bildung von 4-Desoxyosonen

Durch Reaktion von Lactose mit Casein entsteht über mehrere Reaktionsschritte ausgehend von einem 4-Desoxyoson das Fructose-Lysin. Dieses Produkt der Maillard-Reaktion ist besonders für die milchverarbeitende Lebensmittelindustrie von Bedeutung, da Fructose-Lysin als Amadori-Produkt im Initialstadium der Maillard-Reaktion entsteht. Somit kann sofort in der ersten Phase nachgewiesen werden, ob eine frühe Maillard-Schädigung auftritt. Durch saure Hydrolyse des Fructose-Lysins entsteht Furosin, welches als Indikator für

Fructose-Lysin steht. Die essentielle Aminosäure Lysin ist durch die Maillard-Reaktion nicht mehr frei verfügbar, was besonders in Säuglingsnahrung zu Problemen führen kann.

2.3.2 Strecker-Aldehyde

Strecker-Aldehyde können ein sehr hohes Aromapotential erreichen und sind daher relevant in Zusammenhang mit Lebensmitteln [4]. Ein bekanntes Strecker-Aldehyd ist das Methional. Methional entsteht in Milch als Fehlaroma aus der schwefelhaltigen Aminosäure Methionin. Methional hat eine sehr niedrige Geruchsschwelle (0,12 ng/L, Luft) und ist in Lebensmitteln wie Camembert erwünscht, jedoch nicht in Kuhmilch. Hier verursacht es den sog. Lichtgeschmack.

Weitere Beispiele für Strecker-Aldehyde sind das 3- und 2-Methylbutanal (Brot, Emmentaler, Kaffee) und das Phenylacetaldehyd, welches sich bei längerer Lagerung von Bier als unangenehmes Aroma bemerkbar macht [4].

2.3.3 Farbige Verbindungen

Die Maillard-Reaktion hat ihren Beinamen der nichtenzymatischen Bräunungsreaktion nicht ohne Grund erhalten. Die Kondensations-und Polymerisationsreaktionen zwischen den Intermediaten führen über farbige Pigmente hin bis zu komplexen Melanoidinen mit einem Molekulargewicht von über 100 000 Dalton [1], weshalb eine vollständige Aufklärung der Reaktionsabläufe und der Struktur noch nicht möglich war. Der Einfachheit halber geht man von einem Kondensationsprodukt aus einem Monosaccharid und einem Amin aus. Melanoidine wirken antimutagen, antikanzerogen [4], antioxidativ und antibakterizid [1]. Somit ist die Maillard-Reaktion beim Brotbacken z. B. erwünscht. Die braune Brotkruste schützt das Brot vor dem Verderben.

2.3.4 Quervernetzungen (cross-links)

Quervernetzungen, sogenannte cross-links, entstehen bei der posttranslationalen Modifikation von Proteinen. Besonders tritt dieses Phänomen während der Maillard-Reaktion auf, an welcher die beiden essentiellen Aminosäuren Lysin und Arginin beteiligt sind [4]. Durch diese cross-links sind die Aminosäuren nicht mehr für den menschlichen Organismus verfügbar. Bekannteste Beispiele für solche Quervernetzungsprodukte aus Kohlenhydraten und Lysin sind das bereits in Kapitel 2.3.1.3 erwähnte Fructose-Lysin und das Carboxymethyl-Lysin (CML). Beide dienen als Indikator für die Hitzebehandlung proteinhaltiger Nahrungsmittel.

Arginin kann mit Intermediaten der Maillard-Reaktion zu Ornithino-Imidazolinon reagieren. Diese Verbindung wurde insbesondere im Laugengebäck, Brezelkruste, gerösteten Kaffeebohnen und Knabbergebäck identifiziert [4].

2.4 Advanced glycation endproducts (AGEs)

Auch im menschlichen Organismus laufen endogen Prozesse der Maillard-Reaktion ab. Die bereits beschriebene Quervernetzung kann ebenso im menschlichen Körper erfolgen, indem körpereigene Proteine wie zum Beispiel Serumproteine mit Blutglucose reagieren. Glucose reagiert mit einer freien Aminogruppe eines Proteins, so dass zunächst das Glycosylamin (Imin, Schiff*sche* Base) als instabiles Zwischenprodukt entsteht. Nach Amadori-Umlagerung erhält man ein glykolysiertes Protein, welches weiter reagiert über Kondensationsreaktionen und Quervernetzungen. Beispiele für AGEs sind Pentosidin und Carboxymethyl-Lysin (CML). Pentosidin entsteht durch Reaktion von glykolysiertem Lysin mit Arginin [3].

Diese, durch nichtenzymatische Prozesse durch Glykolysierung modifizierten Proteine, werden als AGEs bezeichnet und werden in Kapitel 3.2 näher beschrieben, besonders in Hinsicht auf ihre gesundheitsbeeinflussende Wirkung.

3 Mögliche gesundheitsgefährdende Maillard-Produkte

3.1 Begrifferklärungen

3.1.1 Definition Mutagenität

Unter Mutagenität versteht man die Fähigkeit eines Stoffes, genetisches Material (DNS) eines Organismus zu verändern. Ebenso können physikalische Faktoren wie UV-Strahlung und radioaktive Strahlung eine Mutagenität besitzen. Diese exogenen Einflüsse werden als Noxen bezeichnet [7].

3.1.2 Definition Karzinogenität

Karzinogenität beschreibt die Fähigkeit eines Stoffes, die Entstehung von Krebs zu initiieren und/oder zu fördern. Laut Gefahrenstoffverordnung (GefStoffV) sind Stoffe karzinogen, „wenn sie beim Einatmen, Verschlucken oder Aufnahme über die Haut Krebs erregen oder die Krebshäufigkeit erhöhen können". Unterschieden wird zwischen sogenannten genotoxischen und epigenetischen Karzinogene. Genotoxische Karzinogenität setzt eine Reaktion des Karzinogens mit der DNS voraus, direkt oder indirekt über ein Prokarzinogen.

Epigenetische Karzinogene wie beispielsweise Hormone und Promotoren wirken außerhalb des Zellkerns.

3.1.3 Ames-Test

1975 veröffentlichten *Bruce N. Ames* und *Joyce McCann* ihre Ergebnisse über ein neues Testverfahren, den sogenannten Ames-Test (auch: *Salmonella*/Microsome test). Der Test sollte der Identifizierung von Mutagenen dienen. Ihr Ziel war es, den Test als universelles Präventivprogramm anzuwenden, um die Exposition des Menschen mit Umweltkarzinogenen und Umwelt-Mutagenen zu minimieren, indem toxische Substanzen möglichst im Voraus getestet werden. Der Ames-Test wird an Bakterienstämmen von *Salmonella typhimurium* durchgeführt. Diese Stämme sind so gezüchtet, dass sie bestimmte Mutationen haben, so dass sie auf einem Selektionsmedium nicht in der Lage sind, zu wachsen. Wird dem Nährmedium nun ein Mutagen zugeführt, kommt es zur sogenannten Rückmutation. Die Bakterienstämme werden dann als Revertanten bezeichnet. Die Stämme wachsen und die Mutagenität ist somit anhand der Revertanten-Kolonie-Zahl, die sich gebildet hat, messbar. Voraussetzung für die Validierung des Tests ist, dass mindestens die doppelte Anzahl an Kolonien bei der Auszählung vorliegt, damit man spontane Mutationen ausschließen kann. Da das Wachstum sehr schnell erfolgt, ergibt sich hier ein weiterer Vorteil dieser Stämme für beispielsweise die Pharmaindustrie, welche neue Substanzen schnell auf ihr Schadstoffpotential, was die Mutagenität betrifft, testen kann. Für den Test werden verschiedene DNA-Stränge verwendet, da nicht jeder Strang jede Mutation aufzeigt. So gibt der Strang TA98 Aufschluss über Verschiebung des Leserahmens der DNA während hingegen T100 Basenpaar-Substitutionen anzeigt.

Eine Übertragung auf den Säugetierorgansimus ist nicht ohne Weiteres möglich, da Fremdstoffe wie Mutagene in der Leber metabolisiert bis unschädlich gemacht werden. Daher wird im Ames-Test dem Agens häufig noch ein Leberextrakt (S9-Mix) zugemischt, welches die Säugetierleber simulieren soll.

3.1.4 Mikronukleustest (MN)

Im Mikronukleustest wird die Genotoxizität mit Hilfe einer humanen Lymphozytenkultur gemessen. Ein Mikronukleus entsteht durch einen Chromosomenbruch und ist ein kleines Kernfragment, welches direkt neben den Zellkern liegt. Im Mikronukleustest gibt man ein wenig Blut zur Lymphozytenkultur, so dass die Lymphozyten zum Wachstum stimuliert werden. Liegt nun eine DNA-Schädigung vor, ist es die Aufgabe der Lymphozyten, die DNA zu reparieren. Nach üblicherweise 24 bis 48 Stunden Inkubation mit einem Mutagen und anschließender DNA-Reparatur werden die verbliebenen Doppelstrangbrüche gemessen. Durch erfolgte Zellteilung wurden diese zu Chromosomenfragmenten umgewandelt und die Fragmente erscheinen als Mikronuklei neben dem eigentlichen Zellkern und können nun ausgezählt werden. Anhand der Anzahl der Mikronuklei wird die Genotoxizität gemessen. Zur Auszählung wird die Zellteilung, aber nicht die Teilung des Zellkerns, durch Cytochalasin B unterdrückt. So hat man alle Zellen, welche die Mitose durchlaufen haben, als zweikernige (binukleäre) Zellen vorliegen zusammen mit den entstandenen Mikronuklei.

Da Mikronuklei nur in sich teilenden Zellen entstehen, war es nötig, eukaryotische Zellen wie die Lymphozyten einzusetzen [9]. Daraus ergibt sich außerdem der Vorteil, dass die Ergebnisse direkt auf den Menschen übertragen werden können.

3.1.5 Vitotox-Test

Ursprünglich wurde der Vitotox-Test dazu entwickelt, die toxischen und genotoxischen Effekte reiner Chemikalien aufzudecken [10]. Im Vitotox-Test werden zwei DNA-Stränge von *Salmonella typhimurium* verwendet. Diese Bakterienstämme wurden modifiziert, so dass sie das ansonsten nicht enthaltene lux-operon besitzen, welches aus dem Bakterium *Vibrio fischeri* entstammt. Dieses Bakterium besitzt durch das lux-Operon die Fähigkeit zur Biolumineszenz. Das lux-Operon in *Salmonella typhimurium* wird unter normalen Bedingungen durch das sogenannten recN-Gen unterdrückt, so dass es nicht zur Biolumineszenz kommt. Werden nun die DNA-Stränge inkubiert mit genotoxischen Verbindungen, wird der Promotor für die Expression des recN-Gens unterdrückt, so dass das lux-Operon exprimiert wird und Licht produziert wird. Dieses Phänomen machten Forscher sich zu Nutze und entwickelten den Vitotox-Test.

Die Ähnlichkeit zum Ames-Test sei hier erwähnt. Jedoch ist der Vitotox-Test viel sensibler, da man hierfür deutlich geringere Konzentrationen der Test-Lösung benötigt.

3.1.6 Elektronenspinresonanz (ESR)

Die Elektronenspinresonanz-Spektroskopie dient dem Nachweis und der Quantifizierung von paramagnetischen Substanzen und misst den magnetischen Moment eines Elektrons [46]. Besonders freie Radikale, welche freie Elektronen besitzen, lassen sich daher gut mit dieser Methode messen. Aufgrund ihrer hohen Reaktivität müssen sie jedoch vorher stabilisiert werden. Die Methode der ESR-Messung hat vor allem bei der Beurteilung von Oxidationsprozessen in tierischen und pflanzlichen Zellen sowie in verarbeiteten Lebensmitteln zunehmend an Bedeutung gewonnen. So wird „oxidativer Stress" oder die Autooxidation von Fetten (Lipidperoxidation) mit Hilfe dieser Methoden gemessen [47].

3.1.7 Chinese Hamster Ovary-Cells (CHO-Zellen)

Bereits 1957 wurden Zellen aus Hamster-Eierstöcken isoliert und als Zellkulturen angelegt. Diese Zellen eignen sich besonders gut für verschiedene Tests, da sie zum Einen sehr belastbar sind und sich zum Anderen rasch vermehren. Schnell fand man heraus, dass gewisse Mutationen in diesen Zellen vorlagen. So wurden verschiedenen Zelllinien generiert, anhand derer genetische Veränderungen an Säugetierzellen unter Kulturbedingungen untersucht werden können [48]. CHO-Zellen werden zur Analyse des Intermediärstoffwechsels bis hin zu Toxikologie-Studien eingesetzt und wurden aufgrund ihrer vielfältigen Einsatzweise auch schon als Äquivalent für *E. coli* bezeichnet.

3.2 Advanced Glycation Endproducts (AGEs)

Während der Maillard-Reaktion reagieren reduzierende Zucker mit einer Aminogruppe zu einer instabilen Schiff*schen* Base, welche wiederum zu einer Amadori-Verbindung weiter reagiert. Diese kann durch zahlreiche Reaktionen wie Dehydratation oder Kondensation ebenso weiter reagieren. Es entstehen Prämelanoidine und Melanoidine, welche als fortgeschrittene Glykierungsprodukte, advanced glycation endproducts (AGEs), zusammengefasst werden. Der genaue Reaktionsweg von der Amadori-Verbindung bis zu den AGEs ist aufgrund der Heterogenität und Komplexität der chemischen Reaktionen noch nicht ganz aufgeklärt [42]. Ein mögliches Reaktionsschema gibt Abbildung 5 vor.

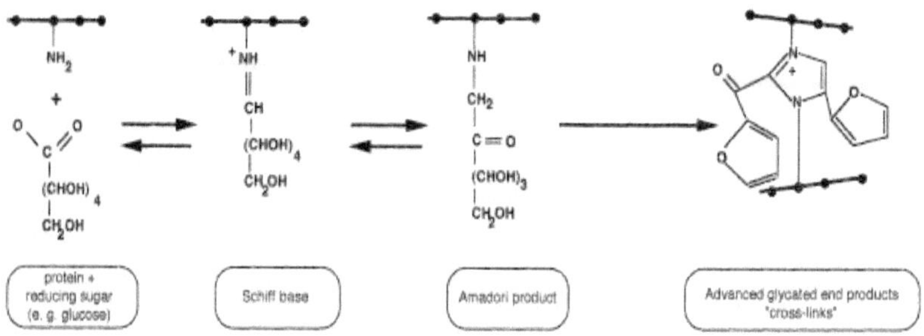

Abbildung 5: Bildung von AGEs

Ob der Begriff „AGE“ nur in Zusammenhang mit der Entstehung im menschlichen Organismus benutzt wird oder auch in Zusammenhang mit der Bildung in Lebensmitteln, ist noch nicht abschließend geklärt [5]. In dieser Arbeit wird unterschieden zwischen Melanoidinen, welche im Lebensmittel selber während der Zubereitung entstehen und möglicherweise karzinogen oder mutagen wirken und den AGEs, welche aus der stattfindenden Maillard-Reaktion im Körper resultieren, aber auch aus Lebensmitteln aufgenommen werden, jedoch nicht karzinogen/mutagen wirken, sondern einen anderen Einfluss auf die Gesundheit nehmen.

AGEs besitzen die Fähigkeit, sogenannte cross-links zu erzeugen. Cross-links sind Proteinquervernetzungen, die besonders durch nukleophile Seitenketten von Aminosäuren wie Lysin oder Arginin zustande kommen [4]. Die cross-links sind irreversibel [42] und führen dazu, dass die verlinkten Aminosäuren nicht mehr biologisch verfügbar sind.

Die bekanntesten Verbindungen an AGEs sind in der folgenden Tabelle dargestellt.

Tabelle 1: Bereits identifizierte Advanced Glycation Endproducts (AGEs)

AGE	Beteiligte Aminosäure
N^{ε}- Fructose-Lysin	Lysin
Furosin	Lysin
Pyridosin	Lysin
Carboxymethyl-Lysin (CML)	Lysin
Pyrralin	Lysin
Ornithino-imidazolinon	Arginin
Argpyrimidin	Arginin
GLARG	Arginin

CML und Pentosidin wurden in größeren Mengen im Kollagen-Gewebe der Haut gemessen. Ebenso in der Linse des menschlichen Auges sowie im Urin wurden messbare Mengen gefunden [42].

AGEs entstehen in Abhängigkeit des reduzierenden Zuckers mit unterschiedlichen Geschwindigkeiten. So zeigt Glucose eine relativ langsame Glykierungsrate im Gegensatz zu den intrazellulären Zuckern wie Fructose, Threose, Glucose-6-Phosphat und Glyceroaldehyd-3-Phosphat [42]. Fructose besitzt eine achtfach höhere Glykierungsrate als Glucose [5].

Die Maillard-Reaktion im Körper findet bei 37°C statt. Diese Temperatur ist erheblich geringer als bei der Lebensmittelzubereitung, so dass AGEs im Körper erstens sehr viel langsamer entstehen und zweitens in nicht so großen Mengen [44]. Aufgrund der Kumulation mit zunehmendem Alter und einer somit längeren Reaktionszeit, fand man bei älteren Menschen AGEs in höheren Konzentrationen im Plasma und Gewebe vor [5]. Ebenso wurden höhere Konzentrationen bei Diabetes-Patienten gemessen, was durch den hohen Blutglucose-Spiegel erklärbar ist, und bei Patienten mit Niereninsuffizienz, welche eine geringere Ausscheidung haben.

Es stellte sich heraus, dass bei der Bildung von AGEs vor allem langlebige Proteine wie Kollagen, Proteine von Knorpel und Sehnen betroffen sind. Dies erklärt unter anderem, warum der Knorpel des Brustbeins eines Säuglings hell ist, während er bei einem 90jährigem deutlich bräunlich gefärbt ist durch die endogene Melanoidin-Bildung, sprich AGE-Bildung im Körper [45].

Wie bereits erwähnt, kann die Proteinquervernetzung (crosslinking) dazu führen, dass essentielle Aminosäuren nicht mehr für den Organismus verfügbar sind. Weiterhin führen die cross-links, welche durch die Reaktion von AGEs mit langlebigen Proteinen entstehen, dazu, dass Gewebe ihre Elastizität und Flexibilität verlieren, was vor allem bei Endothelzellen von Blutgefäßen zu deutlichen Nachteilen führen kann, da es zu funktionellen Veränderungen kommt.

Auch kurzlebige Proteine wie Plasmaproteine und Nukleinsäuren können glykiert werden. Das bekannteste Beispiel hierfür ist das Hämoglobin. Hämoglobin hat als endständige Aminosäure das Valin. Die Aminogruppe des Valin reagiert mit der Blutglucose, so dass HbA_{1C} entsteht. HbA_{1C} dient seit Jahren schon der Langzeit-Blutzucker-Messung (bis zu drei Monate) bei Diabetikern. Der HbA_{1C}-Test misst die Menge der Glucose, die an Hämoglobin gebunden ist und gibt so Aufschluss darüber, ob der Blutglucose-Wert über einen bestimmten Zeitraum stabil ist.

Bierhaus et al. haben sich damit beschäftigt, inwiefern AGEs an Gefäßerkrankungen und Diabetes mellitus beteiligt sind [42]. Aufgrund vorangegangener Studien war bekannt, dass Proteine, welche durch AGEs modifiziert wurden, mit bestimmten AGE-Rezeptoren (RAGE) interagieren. Durch die Bindung von AGE an einen RAGE wird eine Signalkaskade aktiviert, welche die Expression und somit die Synthese und Freisetzung von Zytokinen und Wachstumsfaktoren initiiert. Dies ist sinnvoll in Hinblick darauf, dass durch AGEs Gewebe geschädigt werden. Auf der anderen Seite tragen Zytokine und Wachstumsfaktoren jedoch auch zur Entwicklung von Gefäßerkrankungen und Diabetes mellitus bei. Diese Korrelation wurde durch zahlreiche Studien bereits bestätigt [42]. Ob dies bei jeder Art von AGEs der Fall ist, muss allerdings noch abschließend geklärt werden und ist erst möglich, wenn die genaue Struktur aller AGEs bekannt ist.

Eine Forschergruppe um *Vlassara* hat sich mit AGE-Gehalten in Lebensmitteln beschäftigt. Sie haben bis zu 250 übliche Nahrungsmittel der US-Bevölkerung untersucht [5]. Sie haben den CML-Gehalt bzw. den Gehalt seines Vorläufers, dem Methylglyoxal (MG), in Lebensmitteln mittels ELISA gemessen und in „AGE units“ pro ml bzw. pro mg ausgedrückt. Folgende Tabelle gibt einen kleinen Überblick.

Tabelle 2: AGE-Gehalte in Lebensmitteln *(modifiziert nach Maslo, 2005]*

Lebensmittel	AGE-Gehalt in AGE units
Cerealien	193.400 u/100 g
Feinbackaren	425.740 u/100g
Kuchen (Berliner)	838.400 u/100 g
Ahornsirup	795 u/15 ml
Sojasoße	8.700 u/15 ml
Orangensaft	600 u/250 ml
Tee	2.025 u/ 250 ml
Kaffee	2.200 u/250 ml
Coca-Cola	8.500u/ 250 ml

Vlassara et al. kamen zu folgenden Ergebnissen:

- Lebensmittel tierischer Herkunft mit hohem Protein- und Fettgehalt wie Fleisch und Käse haben hohe AGE-Konzentrationen aufgezeigt, was unter anderem dadurch erklärt wird, dass Fett durch Temperatureinwirkung freie Radikale freisetzt, welche wiederum zur AGE-Bildung beitragen
- hohe AGE-Gehalte wurden ebenfalls in verarbeiteten Lebensmitteln tierischer Herkunft gefunden (z. B. Kochschinken, Wiener Würstchen)
- Kohlenhydratreiche Lebensmittel wiesen die geringsten AGE-Gehalte auf

Insgesamt halten *Vlassara et al.* fest, dass der AGE-Gehalt abhängig ist von der Temperatur, der Dauer der Temperatureinwirkung und dem Feuchtigkeitsgehalt der Lebensmittel. Sie haben nach Temperatureinwirkung AGE-Gehalte gemessen, die um das 4 bis 100fache höher lagen als vor der Erhitzung [5]. Interessanterweise konnte keine Korrelation des Zuckergehaltes mit dem AGE-Gehalt bestätigt werden.

Da AGEs vor allem bei Diabetikern und Patienten mit Niereninsuffizienz gehäuft auftreten, sollten zumindest diese bei der Zubereitung ihrer Nahrung darauf achten, dass sich möglichst geringe Mengen an AGEs bilden, da diese Leute sowieso schon einen erhöhten AGE-Gehalt im Körper haben. In welchem Ausmaß AGEs die Gesundheit gefährden durch ihre Eigenschaft als Initiatoren bei der Ausschüttung von Zytokinen und Wachstumsfaktoren und inwieweit die zusätzliche Zufuhr durch die Nahrung die Pathogenese eventuell verstärkt, bedarf weiterer intensiver Forschung.

3.3 Mögliche karzinogene und mutagene Maillard-Produkte

Spätestens als schwedische Wissenschaftler 2002 ihre Studie „Analysis of Acrylamide, a Carcinogen Formed in Heated Foodstuffs“ veröffentlichten, wurde die Maillard-Reaktion bekannt. Doch schon viel früher beschäftigten Forscher sich mit dieser vielfältigen Reaktion. Wie bereits erwähnt gibt es sehr wohl erwünschte Maillard-Produkte (Aroma, Geschmack, antioxidative Eigenschaften). Der Fokus dieser Arbeit soll jedoch auf (möglichen) karzinogenen und mutagenen Maillard-Produkten liegen und einen Einblick über mögliche gesundheitsgefährdende Aspekte geben.

3.3.1 Acrylamid

Acrylamid ist ein Amid, welches in Lebensmitteln aus der Reaktion der Aminosäure Asparagin mit einem reduzierenden Zucker entsteht.

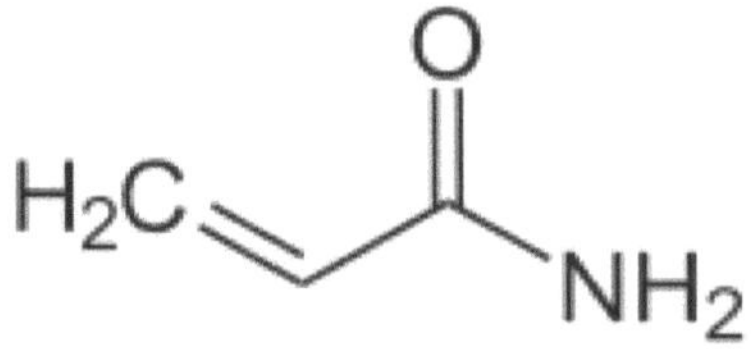

Abbildung 6: Acrylamid

Diese Reaktion wird durch hohe Gartemperaturen sowie durch den Stärkeghalt der Lebensmittel wie bei Kartoffel- oder Getreideprodukten begünstigt [11].

Tabelle 3: Tabelle: Acrylamidgehalte von Lebensmitteln *(National Food Administration, Sweden, 2002)*

	Acrylamid-Gehalt (µg/kg), Median
Kartoffelchips	1200
Pommes frites	450
Kekse, Kräcker	410
Knäckebrot	140
Müsli, Cerealien	160
Cornflakes	150
Brot	50
Pizza, Pfannkuchen, Waffeln, Fischstäbchen, Brätlinge usw.	40

In der Industrie wird Acrylamid zur Herstellung von Kunststoffen wie beispielsweise Verpackungen verwendet. Acrylamid wird hier durch Hydrolyse aus Acrylnitril und Kupferkatalysatoren hergestellt. Acrylamid ist ein starkes Nervengift. Da Arbeiter in dieser Industrie dem Acrylamid täglich ausgesetzt sind und Acrylamid bei langfristiger Exposition neurotoxisch wirkt, wurde entsprechend ein MAK-Wert (Maximale Arbeitsplatzkonzentration) festgelegt.

Die Aufnahme in den menschlichen Organismus kann durch Einatmen, Haut- und Augenkontakt, Verschlucken und/oder Resorption erfolgen. Akute Wirkungen gehen mit Reizungen von Haut- und Schleimhäuten einher [12].

Über die Langzeitwirkungen gibt die Wissenschaft nur Aufschluss anhand von Tierversuchen. Demnach wirkt Acrylamid kanzerogen, genotoxisch und neurotoxisch.

Ob und inwieweit Acrylamid, wenn es in Lebensmitteln entsteht, gesundheitsgefährdend für den Menschen ist, haben die schwedischen Forscher um *Tareke* und *Törnqvist* zu ermitteln versucht. Sie stellten fest, dass im Blut der Versuchspersonen Reaktionsprodukte von Acrylamid und Hämoglobin vorhanden waren, obwohl die Probanden zu keinem Zeitpunkt exogen exponiert waren. Da nach Berechnung jeder Proband 100 µg Acrylamid täglich aufgenommen haben muss und dieser Wert als das Krebsrisiko fördernd gilt, war es Ziel der Studie, den Ursprung der Acrylamid-Quelle zu finden.

Aufgrund ihrer Studie „Acrylamide, a cooking carcinogen?“ aus dem Jahr 2000 [13], in welcher die Forscher bereits im Tierversuch herausfanden, dass Acrylamid bei höheren Temperaturen entsteht, wurden die Acrylamid-Mengen, die während der Erhitzung verschiedener Lebensmittel entstanden, mittels Gaschromatographie mit Massenspektrometrie-Kopplung (GC-MS) und Flüssigkeitschromatographie mit Massenspektrometrie-Kopplung (LC-MS) gemessen. Es wurden verschiedene Garverfahren (Braten, Frittieren, Backen, Mikrowelle) angewandt bei verschiedenen Temperaturen und für unterschiedliche Dauer. Folgende Einflüsse in Hinblick auf die Acrylamid-Entstehung wurden untersucht:

- verschiedene Protein-/Kohlenhydratgehalte der Lebensmittel
- Garmethode
- Zeit
- Temperatur.

Ergebnis der Studie ist, dass der Acrylamid-Gehalt mit steigender Temperatur, steigender Dauer der Garmethode und steigendem Stärkegehalt der Lebensmittel ansteigt.

Die Frage, die sich nun stellt, ist, ob die gemessene Aufnahme von 100 µg pro Tag das Risiko, an Krebs zu erkranken, erhöht. Da bislang eine Karzinogenität lediglich im Tierversuch erfasst wurde, können noch keine eindeutigen Aussagen gemacht werden, wie sich diese tägliche Aufnahme auf den menschlichen Organismus auswirkt.

Da Acrylamid wasserlöslich ist und sich somit gut im Körper verteilen kann, wurde ein NOAEL- Wert (No Observed Adverse Effect Level) durch das Beratergremium der Weltgesundheitsbehörde (WHO) und der Food and Agriculture Organization (FAO) von 0,5 mg/kg Körpergewicht festgelegt [12]. Der NOAEL-Wert für Acrylamid ist die höchste Dosis des Acrylamids, bei der keine toxischen Befunde beobachtet werden konnten. Er wird als Richtwert für die Festlegung des ADI-Wertes (Acceptable Daily Intake) herangezogen. Der ADI-Wert für Acrylamid wurde mit 1 µg/kg Körpergewicht festgelegt.

Acrylamid wird im Körper zum Teil umgewandelt zu seinem Epoxid, dem Glycidamid, sowohl bei Ratten als auch beim Menschen. Beide Verbindungen werden durch Glutathion detoxifiziert, das Glycidamid zusätzlich noch durch Hydrolyse. Die Ausscheidung des Acrylamids und seiner Metaboliten erfolgt sehr schnell über die Nieren, so dass sich die Verbindungen nicht lange im Körper befinden [14].

Acrylamid sowie Glycidamid können mit genomischer DNA reagieren. Diese Reaktion erfolgt jedoch sehr langsam und konnte bisher lediglich in vitro beobachtet werden [14]. Klaunig berichtet außerdem, dass Acrylamid keine Genotoxizität im Ames-Test mit *Salmonella typhimurium* aufweist, jedoch aber das Glycidamid. Bei Mäusen sowie bei Ratten wirkten beide Substanzen kanzerogen, wobei die Höhe der Exposition in positiver Korrelation mit der Kanzerogenese steht. Ebenso sanken die Überlebensraten der Tiere mit steigender Konzentration und Dauer der Gabe an Acrylamid [14].

Dass Acrylamid im Tierversuch kanzerogen und mutagen wirkt, wurde nachgewiesen. Ob dies auch auf den Menschen übertragen werden kann, bedarf intensiver weiterer Forschung. Da Acrylamid jedoch ein Nervengift ist, sollte der Verbraucher zumindest bei der Zubereitung seiner Speisen die Acrylamid-Entstehung in gewissen, unbedenklichen Grenzen halten.

3.3.2 5-Hydroxymethylfurfural (HMF)

Das 5-Hydroxymethylfurfural (HMF) entsteht durch Umwandlung aus 3-Desoxyosonen im Strecker-Abbau als Maillard-Produkt. HMF ist eine heterozyklische, aromatische Verbindung mit einer Aldehydgruppe [15]

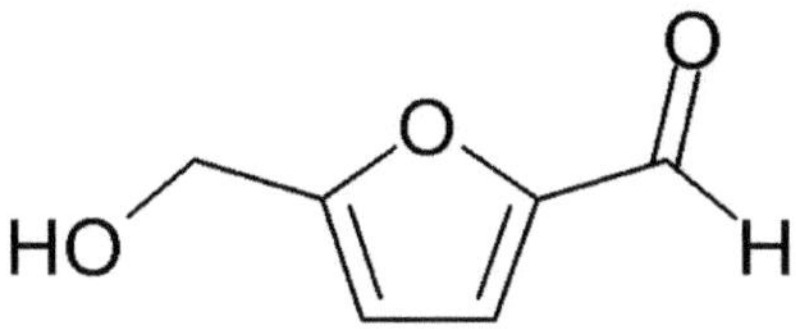

Abbildung 7: 5-Hydroxymethylfurfural

HMF ist eines der häufigsten auftretenden Maillard-Produkte [16] und tritt in großen Mengen von bis zu 1 g/kg Lebensmittel auf, vor allem in Trockenfrüchten, Karamell-Produkten, Saft aus getrockneten Pflaumen und Instant-Kaffeepulver [43]. Natürlicherweise kommt es nicht in Lebensmitteln vor.

Schon vor Jahrzehnten wurde seine mögliche Karzinogenität und Mutagenität kontrovers diskutiert. So beschrieb *Nassberger* 1990 in seiner toxikologischen Studie einen Effekt des HMF auf menschliche Blutzellen [17], wohingegen *Rassmussen et al.* 1982 Untersuchungen an Kaninchen durchführten, welche keine schädigende Effekte als Ergebnis verzeichnen konnten in Bezug auf Hämoglobin, Leukozyten, Blutplättchen und Serumproteine [18].

Ob HMF kanzerogen wirkt, konnte bis dato ebenfalls noch nicht eindeutig sichergestellt werden. *Archer* und *Zhang* 1992 haben HMF mit Darmkrebs assoziiert und ihm somit ein tumorförderndes Potential zugeschrieben [19]. Das National Institute of Environmental Health Sciences (USA) schreibt dem HMF ein hohes Krebsrisiko zu, was jedoch nicht anhand von Studien ermittelt wurde, sondern allein auf der Tatsache beruht, dass andere Verbindungen an Furanen durchaus krebserregend wirken.

Eine antikanzerogene Wirkung von Derivaten des HMF wurde 2005 durch die Forschergruppe um *Du Ying* bestätigt. HMF und seine Derivate wirken als Inhibitoren auf die Expression des Tumornekrosefaktors-α (TNF-α) und des Interleukin-1ß [20]. 2007 haben *Michail et al.* Untersuchungen in Form klinischer Studien durchgeführt. Sie wollten nachweisen, dass HMF zusammen mit anderen Substanzen ein potentielles Zytostatikum ist. Aber auch hier konnte der Nachweis bisher noch nicht eindeutig erbracht werden [21].

Was die Mutagenität betrifft, liegen hier ebenso noch keine gesicherten Beweise vor in Hinblick auf den Menschen. *Hiramoto et al.* haben 1996 die Mutagenität anhand von Soja-Soße untersucht. Im Ames-Test wurde die Mutagenität bestätigt, allerdings nur beim DNA-Strang TA100. Die Untersuchung des Stranges TA98 wies lediglich Zytotoxizität auf [22]. *Hiramoto et al.* gehen davon aus, dass HMF DNA-Stränge schädigt, aber nur in Anwesenheit von freien Radikalen wie Superoxid, Wasserstoffperoxid etc. Der Mechanismus sei an folgender Abbildung erklärt:

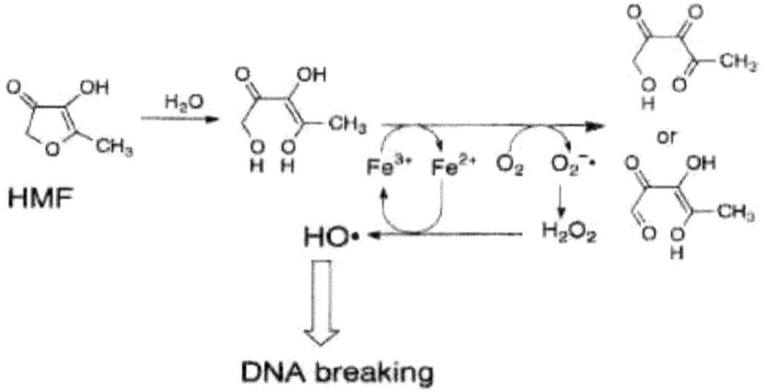

Abbildung 8: Möglicher Mechanismus der DNA-Schädigung durch HMF

HMF reagiert durch Hydrolyse zu einer Endiol-Keto-Struktur mit reduzierenden Eigenschaften, so dass molekularer Sauerstoff und Eisen Fe(III), das durch Kontamination in die Soja-Soße gelangt ist, zu Superoxid und Fe(II) reduziert werden. Das Superoxid wird durch die Superoxiddismutase (SOD) umgewandelt in Wasserstoffperoxid, welches sofort zum aktiveren Hydroxyl-Radikal zerfällt mit Hilfe von Spuren an Metall-Ionen aus der Soja-Soße. Das Hydroxyl-Radikal schädigt die DNA. Nachweislich verhindert werden kann diese Schädigung erstens durch Entfernung des Wasserstoffperoxids durch Katalase und zweitens durch Scavenger wie Mannitol, Kaliumjodid und Natriumazid [22].

3.3.3 2,3-dihydro-3,5-dihydroxy-6-methyl-4H-pyran-one (DDMP)

DDMP ist ebenso wie HMF eine heterozyklische Verbindung und besitzt eine Pyranon-Struktur. Es entsteht als Folgeprodukt des 3-Desoxyosons [4]. DDMP besitzt ein geringeres Aromapotential als HMF, ist aber genauso weit in verarbeiteten Lebensmitteln wie Brandy, Kaffee, Soja-Soße, Erdbeermarmelade und gekochtem Gemüse und Fleisch verbreitet wie HMF [23].

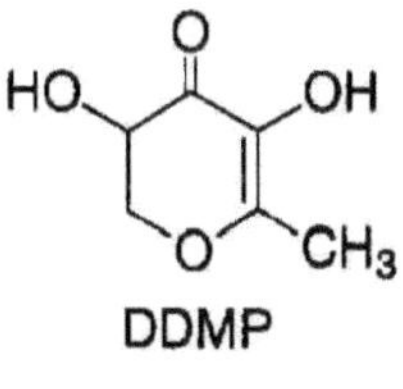

DDMP

Abbildung 9: DDMP

Hiramoto et al. untersuchten 1997, nachdem bereits die Mutagenität im Ames-Test von HMF, DMHF und HEMF bekannt war, eine Mischung aus Glucose und Glycin und entdeckten eine weitere Substanz, welche DNA schädigt: Das DDMP. Ihre Versuche führten sie mit Supercoiled DNA (ringförmige, als spiralisierte Helix vorliegende DNA) durch. Die DNA wurde über Nacht bei 37°C (Körpertemperatur) inkubiert. *Hiramoto et al.* fanden heraus, dass mit steigender Konzentration an DDMP die Schädigung der DNA zunimmt. Der Mechanismus, welcher zur Schädigung der DNA führt, ist derselbe wie bei HMF: Die DNA wird durch freie Radikale geschädigt (siehe Abbildung 8).

Die mögliche Mutagenität wurde mit Hilfe des Ames-Tests an *Salmonella typhimurium* durchgeführt. Auch DDMP weist eine mutagene Wirkung auf, die jedoch geringer ist als bei HMF, DMHF und HEMF [22][23]. Diese mutagene Wirkung konnte auch hier bisher nicht am menschlichen Organismus nachgewiesen werden.

3.3.4 1,3-Dithian und 1,4-Dithian

Ein Dithian ist eine heterozyklische Verbindung, in welcher zwei Methylgruppen durch Schwefel ersetzt sind. Die Zahlen geben an, an welchem C-Atom der Schwefel sich befindet.

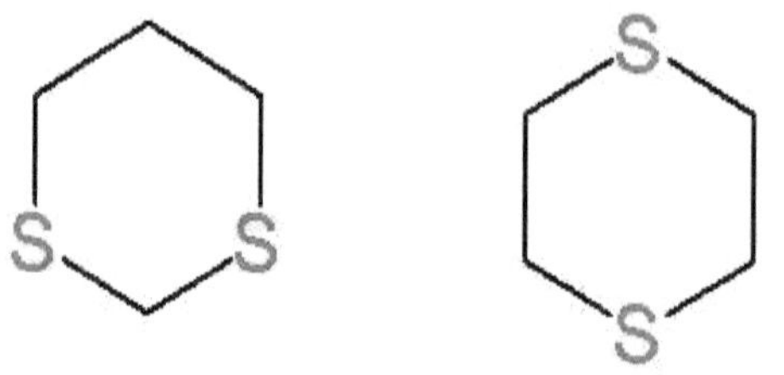

Abbildung 10: 1,3-Dithian und 1,4-Dithian

Nachdem Studien in der 80er Jahren ergaben, dass heterozyklische aromatische Amine eine höhere Mutagenität aufweisen als jedes andere Maillard-Produkt [24], widmeten *Lee et al.* sich 1993 der möglichen Mutagenität von schwefelhaltigen heterozyklischen Verbindungen, welche auch bei Erhitzung von Verbindungen im Rahmen der Maillard-Reaktion entstehen [25]. Da *Shibamato* 1980 bereits herausfand, dass gekochtes Rindfleisch 1,3-Dithian und 1,4-Dithian enthält, setzten die Forscher an dieser Stelle an, um die Mutagenität der beiden Substanzen mit anderen Maillard-Produkten zu vergleichen. Insgesamt 24 Maillard-Produkte dienten dem Vergleich, unter anderem Pyrazin, Pyrrol, Imidazol, Glucose-6-Phosphat und HMF. *Lee et al.* führten die Versuche mit Hilfe des Ames-Tests an *Salmonella typhimurium* durch. Die Proben wurden mit Dimethylsulfoxid (DMSO) präpariert. Ebenso wurde die CHO/SCE-Methode angewandt, wobei Zelllinien von Eierstöcken chinesischer Hamster verwendet werden. Die Eierstöcke wurden mit 1,3-Dithian und 1,4-Dithian inkubiert.

Ergebnis der Studie ist, dass 1,3-Dithian und 1,4-Dithian im Ames-Test eine direkte Mutagenität aufweisen, wobei 1,3-Dithian eine höhere mutagene Wirkung aufzeigt als 1,4-Dithian und ebenfalls als alle anderen 24 getesteten Maillard-Produkte.

Die Ergebnisse der CHO/SCE-Methode ergaben, dass 1,3-Dithian und 1,4-Dithian ebenfalls genotoxisch wirken, jedoch deutlich schwächer als im Ames-Test. Die Übertragbarkeit der Mutagenität auf den menschlichen Organismus muss allerdings noch weiter untersucht werden, da hierfür noch keine Beweise vorliegen. *Lee et al.* schlagen dennoch vor, die Ergebnisse der Studie nicht zu ignorieren und bei der Zubereitung von Lebensmitteln die Entstehung von Maillard-Produkten zu minimieren, da diese jeden Tag mit der durchschnittlichen Nahrung entstehen und aufgenommen werden.

3.3.5 Reduktone

Reduktone entstehen im Intermediärstadium der Maillard-Reaktion aus 1-Desoxyosonen. Wie bereits in Kapitel 2.3.1.2 erwähnt, besitzen Reduktone antioxidative Eigenschaften. *Kikugawa et al.* haben 2000 versucht, das Gegenteil nachzuweisen [26].

Heterozyklische Amine wie Imidazochinoline und Imidazochinoaxaline sind mutagene Verbindungen. Sie entstehen aus Kreatinin, Folgeprodukten der Maillard-Reaktion (Pyridine, Pyrazine etc.) und Aminosäuren [4]. Als sogenannte Precursor und somit als Schlüsselverbindungen für die Entstehung der Imidazochinoline wurde das Pyrazin-Kation-Radikal identifiziert [27]. Ziel der Studie von *Kikugawa et al.* war es, herauszufinden, inwiefern Reduktone aus Lebensmitteln über mehrere Reaktionen zur Bildung von Mutagenen beitragen.

Als Reduktone wurden die Aromasubstanzen 2,5-dimethyl-4hydroxy-3(2H)-Furanon (DMHF) und 4-hydroxy-2(oder 5)-ethyl-5(oder 2)-methyl-3(2H)-Furan

(HEMF) eingesetzt, da diese beiden Reduktone in vielen Lebensmitteln vorkommen und weit verbreitet sind.

Da das Pyrazin-Kation-Radikal durch Antioxidantien weggefangen wird [27][28] und somit die Entstehung mutagener Substanzen verhindert wird, wurden in der Studie Ascorbinsäure und Erythorbinsäure (Zwischenprodukt der Ascorbinsäure-Synthese) als Antioxidantien eingesetzt. Da die Bildung heterozyklischer Amine vor allem in gekochtem oder verarbeitetem Fleisch und Fisch beobachtet wurde [29][30]], wurde mit einer Lösung aus Glucose, Glycin bzw. mit Glucose, Glycin und Kreatinin mit oder ohne Beimischung von Lebensmittel-Reduktonen gearbeitet. Die Versuche wurden mit Hilfe der Elektronenspinresonanz-Spektroskopie (ESR) gemessen, welche sich besonders gut eignet, wenn man Proben mit freien Elektronen wie das Pyrazin-Kation-Radikal vorliegen hat.

Den größten Ausschlag zeigte das Pyrazin-Kation-Radikal in der Lösung aus Glucose und Glycin, die höchste Mutagenität dagegen die Lösung mit Glucose, Glycin und Kreatinin.

Beim Durchführen der Messungen in Gegenwart von DMHF oder HEMF (Konzentration 20 mM) zeigte die ESR die intensivsten Signale auf. Dies bedeutet, dass durch die zugeführten Reduktone quantitativ mehr Pyrazin-Kation-Radikale entstehen. Da die Reaktion unter Hitzeeinwirkung (120°C) stattfand, ist allerdings nicht auszuschließen, dass andere Reduktone, welche dem DMHF und/oder HEMF strukturell ähnlich sind, ebenso dazu beigetragen haben, dass Pyrazin-Kation-Radikale entstehen.

In Abhängigkeit ihrer Konzentration haben Ascorbinsäure und Erythorbinsäure das Pyrazin-Kation-Radikal erfolgreich abgefangen, so dass die Signale der ESR eine deutlich niedrigere Intensität hatten.

Die Mutagenität wurde anhand der Blue-Rayon-Adsorptions-Methode mit *Salmonella typhimurium* gemessen.

Die Ergebnisse zeigten, dass

- bei einer Konzentration von 20 mM der beiden Reduktone DMHF und HEMF weder eine inhibierende noch eine fördernde Eigenschaft vorliegt, obwohl bei dieser Konzentration die höchste Menge an Pyrazin-Kation-Radikal entstand
- mit steigender Konzentration der Reduktone die Mutagenität steigt
- die Mutagenität der Mischung von Glycin und Kreatinin niedriger ist als bei demselben Gemisch, dem zusätzlich noch Glucose beigefügt wurde.

Kikugawa et al. konnten somit zeigen, dass-zumindest im Test mit *Salmonella typhimurium*- mutagene Substanzen durch die Reaktion mit den Reduktonen entstehen; dass diese Reaktion jedoch bestimmte und andere Komponenten benötigt als die Reaktion, die zur Bildung von Pyrazin-Kation-Radikal führt.

Weiterhin konnte mit Hilfe von Ascorbinsäure und Erythorbinsäure die Mutagenität von 100% auf bis zu 53% gesenkt werden, wobei diese Eigenschaft stark von der Konzentration der Antioxidantien abhängig ist. So haben Versuche mit geräuchertem und getrocknetem Thunfisch mit Epigallocatechingallat (Extrakt aus grünem Tee) als Antioxidans zu keinem Erfolg geführt, da die Menge des Antioxidans zu gering war [27].

Abschließend bleibt zu sagen, dass auch hier eine Mutagenität in Hinblick auf den menschlichen Organismus noch nicht nachgewiesen ist.

3.3.6 Melanoidine

Melanoidine entstehen im Gegensatz zu den Amadori-Verbindungen im Endstadium der Maillard-Reaktion und sind bei Weitem nicht so gut erforscht wie diese. Es handelt sich um farbige Verbindungen, welche eine rotbraune bis dunkelbraune Farbe annehmen [31]. Ihre Struktur ist zum größten Teil jedoch noch nicht aufgeklärt. Dies mag vor allem daran liegen, dass Melanoidine keine homologen Polymerstrukturen aufweisen [1] und dass sie Massen von über 10 000 Dalton aufweisen. Melanoidine entstehen durch Kondensations- und Polymerisationsreaktionen aus den zuvor in der Maillard-Reaktion entstandenen Zuckerabbauprodukten [1]. Melanoidine wurden versucht, in drei Klassen aufzuteilen:

1. Melanoidin-Precursor
2. Prämelanoidine (Molekulargewicht unter 10 000)
3. Melanoidine (Molekulargewicht über 10 000)
4. (AGEs, siehe Kapitel 3.2)

Melanoidin-Precursor und Prämelanoidine reagieren zusammen und es entstehen niedermolekulare Melanoidine (LMW), die wiederum weiter zu hochmolekularen Melanoidinen (HMW) reagieren.

Taylor et al. haben es sich 2004 zur Aufgabe gemacht, Melanoidine auf ihre mögliche Genotoxizität hin zu überprüfen. Sie wollten vor allem die praktische Relevanz für die Lebensmittelindustrie hervorheben [32].

Da die Zusammensetzung der Maillard-Produkte sehr unterschiedlich ist, haben *Taylor et al.* ein Standard-Protokoll (COST Action 919 protocol, Cooperation in Science and Technology) für die Herstellung der Melanoidin-Fraktionen angewandt. Somit war ein Vergleich verschiedener Melanoidin-Fraktionen möglich, welcher aufgrund der ansonsten verschiedenen Produkte, Reaktionszeiten und Temperaturen unmöglich gewesen wäre. Die Test-Lösung wurde aus Glucose und Glycin hergestellt.

Die Mutagenität wurde mit Hilfe drei verschiedener Testverfahren überprüft: Dem Ames-Test, dem Mikronukleus-Test und dem Vitotox-Test.

Es wurden sowohl niedermolekulare (LMW) als auch hochmolekulare (HMW) Melanoidine getestet.

Der Ames-Test wurde mit den DNA-Strängen TA98 und TA100 von *Salmonella typhimurium* durchgeführt, mit und ohne s9-Mix zur Simulierung der metabolischen Aktivität der Säugetierleber. Keine der getesteten Melanoidin-Fraktionen wies eine Mutagenität auf in den in der Studie angewandten Konzentrationen.

Im Vitotox-Test wirkten weder die nieder- noch die hochmolekularen Melanoidine genotoxisch. An dieser Stelle sei erwähnt, dass der Vitotox-Test zwar sehr erfolgreich ist, um mutagene Effekte zu testen, jedoch bis auf die Anwendung bei reinen Chemikalien und Medikamenten noch nicht häufig zum Testen komplexer Mischungen von Verbindungen angewandt wurde. Nichtsdestotrotz sehen *Taylor et al.* im Vitotox-Test und den daraus resultierenden Ergebnissen kein gesundheitsgefährdendes Risiko in Hinblick auf Melanoidine, machen jedoch die Einschränkung, dass es sich um ein Modell-System handelt, da die Melanoidine nach einem Standard-Protokoll hergestellt wurden und somit nicht exakt der natürlichen Entstehungsweise entsprechen.

Weiterhin zeigte eine niedermolekulare Melanoidin-Fraktion eine leichte Toxizität auf, jedoch bei hohen Konzentrationen, welche in Lebensmitteln nicht realistisch sind.

Im Mikronukleus-Test wurde ebenso keine Genotoxizität ermittelt

Somit kommen *Taylor et al.* zu dem Schluss, dass Melanoidine in niedrigen Konzentrationen, wie man sie in Lebensmitteln vorfindet, keineswegs gesundheitsgefährdend sein können.

3.3.7 Heterozyklische Amine (HAs)

Imidazochinoline (IQ), Imidazochinoxaline und Imidazopyridine sind mutagene Verbindungen und entstehen schon bei niedrigen Temperaturen und kurzer Zubereitungszeit (175°C, 5 min.) [1]. Es wurden viele Versuche mit Gemischen aus Kreatinin, Aminosäuren und Glucose durchgeführt, in welchen hauptsächlich Imidazochinoline (IQ) und Imidazochinoxaline entstanden. Ebenso Versuche mit Fleischextrakt, gegrilltem Fleisch und Fisch brachten dieselben Ergebnisse.

Die Bildung der Imidazole erfolgt höchstwahrscheinlich aus Kreatinin, Folgeprodukten der Maillard-Reaktion wie Pyridine, Pyrazine etc. und Aminosäuren. Imidazole sind heterozyklische Amine, deren Toxizität auf die Aminofunktion zurückzuführen ist [1], wohingegen sie die genotoxische Wirkung erst nach Metabolisierung zu einer elektrophilen Verbindung erhalten [1].

Der heterozyklische Ring der Imidazole ist durch verschiedene Gruppen substituiert, was die Vielfalt der Verbindungen ausmacht. Abbildung 11 zeigt die verschiedenen Möglichkeiten der Substitution auf.

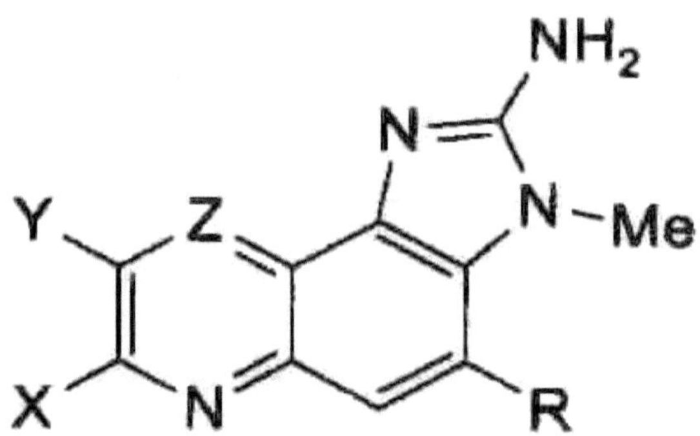

Abbildung 11: Substitutionsmöglichkeiten am Gerüst der HAs

Die folgende Tabelle benennt die einzelnen heterozyklischen Amine.

Tabelle 4: Mutagene heterozyklische Verbindungen aus verschiedenen erhitzten Lebensmitteln *(modifiziert nach Belitz,Grosch,Schieberle, 2001]*

Kurzbezeichnung		X	Y	Z	R
IQ	2-Amino-3-methylimidazo-[4,5-f]chinolin	H	H	CH	H
MeIQ	2-Amino-3,4-dimethylimidazo-[4,5-f]chinoxalin	H	H	CH	Me
MeIQx	2-Amino-3,8-dimethylimidazo-[4,5-f]chinoxalin	H	Me	N	H
7,8-DiMeIQx	2-Amino-3,7,8-trimethylimidazo-[4,5-f]cinoxalin	Me	Me	N	H
4,8-DiMeIQx	2-Amino-3,4,8-trimethylimidazo[4,5-f]chinoxalin	H	Me	N	Me

Eine weitere Verbindung ist das 2-Amino-1-methyl-6-phenyl-imidazo[4,5-b]pyridin (PhIP).

Heterozyklische Amine stellten sich im Ames-Test als mutagen heraus. 1995 haben *Layton et al.* es sich zur Aufgabe gemacht, das Krebsrisiko der heterozyklischen Amine in verarbeiteten Lebensmitteln zu untersuchen[33]. Die Schwierigkeit ihrer Arbeit sahen die Wissenschaftler erstens darin, dass es nur unvollständige Informationen über den Gehalt von heterozyklischen Aminen in Lebensmitteln gibt und zweitens, dass für das Krebspotential zu wenige Informationen über die Karzinogenität im Tierversuch vorliegen. Ihr Ziel war es, bessere Abschätzungen über das Krebsrisiko für heterozyklische Amine aus der täglichen Nahrung abgeben zu können.

Als Datenbasis nutzten sie Aufzeichnungen früherer Studien. 13 heterozyklische Amine wurden hier zusammengetragen, wovon jedoch nur fünf mehrfach in den üblich konsumierten Lebensmitteln gemessen wurden, so dass *Layton et al* sich auch lediglich auf diese konentrierten und für diese versuchten, die Karzinogenität abzuschätzen.

Die fünf untersuchten heterozyklischen Amine sind:

1. PhIP (2-Amino-1-methyl-6-phenyl-imidazo[4,5-b]pyridin)
2. MeIQx (2-Amino-3,8-dimethylimidazo-[4,5-f]chinoxalin)
3. DiMeIQx (2-Amino-3,4,8-trimethylimidazo[4,5-f]chinoxalin
4. IQ (2-Amino-3-methylimidazo-[4,5-f]chinolin)
5. AαC (2-Amino-9H-pyrido[2,3-b]indol

Da die Gartemperatur sowie die Garzeit eine wichtige Variable bei der Entstehung der heterozyklischen Amine sind, haben *Layton et al.* Durchschnittswerte verwendet, um die typischen Kochbedingungen nachzuahmen. Ein Beispiel sei, dass ein Steak nicht „well-done“ oder „english“ zubereitet wurde, sondern „medium“.

Um das potentielle Krebsrisiko für den Menschen abzuschätzen, wurden Daten für die an Ratten gemessene Karzinogenität herangezogen. Die meisten der heterozyklischen Amine, welche im Tierversuch verfüttert wurden, haben ein Tumorwachstum herbeigeführt und könnten somit auch potentielle Karzinogene für den Menschen darstellen [34][35].

Layton et al. führten verschiedene mathematische und statistische Analysen durch und kamen zu folgenden Ergebnissen:

- Nicht jedes heterozyklische Amin besitzt dieselbe Karzinogenität (siehe Abbildung 12)
- Das höchste Krebsrisiko resultiert aus der Verfütterung von Rindfleisch (Steaks, Rinderhack/Patties) und Fisch.

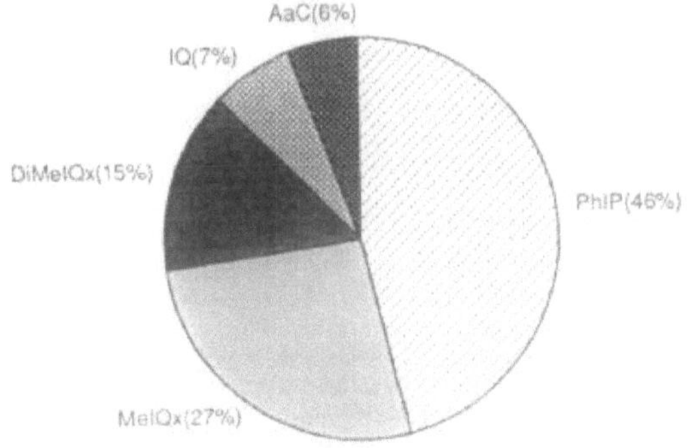

Abbildung 12: Prozentzahlen des zunehmenden Krebsrisikos der fünf am häufigsten vorkommenden heterozyklischen Amine

Die Ergebnisse mögen auf den ersten Blick alarmierend wirken, vor allem, weil heterozyklische Amine während der täglichen Lebensmittel-Zubereitung entstehen. Auf den zweiten Blick sei jedoch daran erinnert, dass für die Karzinogenität beim Menschen bis heute keine signifikanten Daten vorliegen. Da jedoch nicht nur im Ames-Test eine Mutagenität festgestellt wurde, sondern auch an Ratten, welche ebenso wie der Mensch Säugetiere sind, machen *Layton et al.* darauf aufmerksam, dass der Mensch bestimmte Regeln bei der Zubereitung von Speisen einhalten möge, um ein mögliches Krebsrisiko zu minimieren. Sie sehen ihre Arbeit als einen Leitfaden für die Zubereitung und den Zubereitungsgrad von Lebensmitteln, der die Konzentration an PhIP und MeIQx, welche als die beiden am meisten potentiellen Karzinogene identifiziert wurden, niedrig halten soll oder die Entstehung ganz vermeiden soll. Hierfür bedarf es jedoch noch weiterer Forschung, da die Bildung der heterozyklischen Amine noch nicht ganz aufgeklärt ist [36].

3.3.7.1 PhIP (2-Amino-1-methyl-6-phenyl-imidazo[4,5-b]pyridin)

1992 haben *Manabe et al.* das 2-amino-1-methyl-6-phenylimidazo[4,5-b]pyridin (PhIP) untersucht, welches wie bereits erwähnt, ein starkes Mutagen im Modell-Versuch ist. Sie widmeten sich genau diesem heterozyklischen Amin, da es in hohen Konzentrationen in verschiedenen gekochten Lebensmitteln vorkommt [37]. Der Bildungsmechanismus des PhIP ist jedoch noch nicht ganz aufgeklärt. Es wird angenommen, dass Kreatinin, Phenylalanin und Glucose als Precursor wirken [38][39].

Manabe et al. legen mit ihren Versuchen den Fokus auf das PhIP, seinen möglichen Precursoren und die Bildung im Modell-System. Außerdem nahemn sie an, dass Aldehyde, welche in der Maillard-Reaktion entstehen, eine entscheidende Schlüsselrolle bei der Bildung von PhIP spielen.

Die Testlösung bestand aus Kreatinin, L-Phenylalanin und Zucker und wurde auf 37°C bzw. 60°C erhitzt. Als Aldehyde wurden Formaldehyd und Acetaldehyd eingesetzt. Zusätzlich wurde ein Kaliumphosphat-Buffer zugegeben, um den pH bei 7,4 zu halten.

Die Messung des entstandenen PhIP wurde mit Hilfe der HPLC vorgenommen. Um zu testen, inwiefern die Bildung von PhIP von der Art des verwendeten Zuckers abhängig ist, wurden verschiedene Zucker eingesetzt.

Es stellte sich heraus, dass jeder Zucker die Bildung von PhIP einleitet, aber nicht im gleichen Ausmaß. So fördert Erythrose (Triose) die Bildung von PhIP am stärksten. Als zweitbester Precursor unter den Zuckern wurde das Glyceraldehyd identifiziert, gefolgt von Pentosen (Arabinose und Ribose). Die niedrigsten Werte an PhIP lieferte die Lösung mit Hexose (Glucose und Galaktose).

In einem weiteren Experiment sollte die Wirkung von Aldehyden auf die Entstehung von PhIP überprüft werden. Als Aldehyde dienten Formaldehyd, Acetaldehyd und Paraformaldehyd, welches sich in wässriger Lösung zu Formaldehyd umlagert. Nach einer Inkubationszeit von drei bzw. sieben Tagen mit vorangegangener Erhitzung zeigte sich, dass die Mengen an PhIP höher waren als bei Messung der Lösung mit Hexosen. Auf der anderen Seite wird festgehalten, dass ein Übermaß an zugeführten Aldehyden zu niedrigeren Mengen an PhIP führt. Dies ist darauf zurüchzuführen, dass die Bildung von PhIP pH-abhängig ist und niedrigere pH-Werte, wie sie durch die höheren Mengen an Aldehyden entstehen, die Bildung von PhIP inhibieren.

Tabelle 5: Effekte von Aldehyden auf die Bildung von PhIP in einer Lösung aus Kreatinin und Phenylalanin *(modifiziert nach Manabe et al., 1992)*

Aldehyde	Zugefügte Mengen	PhIP (pmol) Erhitzungszeit (Tage)	
		3	7
Formaldehyd (mmol)	0,5	1,2	4,3
	1,0	0,7	2,0
	2,0	0,2	0,9
Paraformaldehyd (mg)	5	0,8	1,1
	15	1,7	4,1
	30	2,5	7,2
	100	0,3	0,7
Acetaldehyd (mmol)	0,2	-	-
	0,5	2,0	3,0
	1,0	5,1	13,6
	2,0	-	5,3

Manabe et al. wollten außerdem wissen, ob PhIP auch bei niedrigen Temperaturen entsteht. So inkubierten sie die Lösung aus Kreatinin, Phenylalanin und Glucose bzw. Ribose für sechs Wochen bei 37°C und kamen zu folgenden Ergebnisse:

- PhIP entsteht auch bei niedrigen Temperaturen, wenn die Lösung über einen längeren Zeitraum inkubiert wird
- Ribose führt zu größeren Mengen an PhIP als Glucose.

Zusammenfassend ist zu sagen, dass PhIP schon bei relativ niedrigen Temperaturen (37°C und 60°C) im Vergleich zu den normalerweise höheren Gartemperaturen entsteht. Weiterhin wurde gezeigt, dass sowohl Zucker als auch Aldehyde wichtige Reaktionspartner bei der Entstehung von PhIP sind. Die Versuche haben gezeigt, dass bei einer Temperatur von 60°C höhere Konzentrationen an PhIP entstehen als bei 37°C und, dass Aldehyde eine Schlüsselrolle spielen. *Manabe et al.* sagen außerdem abschließend, dass noch nicht gesichert ist, dass die Entstehung von PhIP über den Weg der Maillard-Reaktion führt, da frühere Studien [40][41] zeigten, dass Zucker für die Bildung von heterozyklischen Aminen nicht notwendig sind. Auf der anderen Seite zeigten die Versuche allerdings auch, dass Aldehyde, welche in relativ großen Mengen während der Maillard-Reaktion entstehen, eine wichtige Rolle bei der Bildung von PhIP und somit eines möglichen Karzinogens für den Menschen, sind und somit nicht vernachlässigt werden sollten.

4 Schlusswort

Diese Arbeit sollte einen Überblick über die Maillard-Reaktion an sich und die dabei entstehenden möglichen karzinogenen und mutagenen Maillard-Produkten liefern.

Da die Maillard-Reaktion noch nicht gänzlich erforscht ist und somit auch noch nicht alle Reaktionsmechanismen im Detail geklärt sind, gibt es eine Vielzahl verschiedener Studien, welche sich diesem Thema gewidmet haben und immer noch tun. Nach Abschluss dieser Arbeit kann gesagt werden, dass der Großteil der Studien sich mit der Erforschung der möglichen gesundheitsgefährdenden Maillard-Produkte beschäftigt. Der Hauptschwerpunkt liegt auf möglichen Karzinogenen und Mutagenen, welche anhand von Tierversuchen untersucht werden.

Aber auch positive Effekte von Maillard-Produkten wurden untersucht. So wurde gezeigt, dass es auch eine Vielzahl von Antioxidantien gibt, welche die Entstehung schädlicher Maillard-Produkte verhindern und/oder abschwächen und dass diese Antioxidantien teilweise im Lebensmittel schon enthalten sind oder aber während der Verarbeitung beigefügt werden können. Hier bedarf es noch intensiver Forschung, inwieweit ein Maillard-Produkt überhaupt schädlich sein kann, wenn es in Verbindung mit einem Antioxidans vorliegt.

Ergebnis der bearbeiteten Studien ist, dass sehr viele Maillard-Produkte im Tierversuch an *Salmonella typhimurium* sowie an Zelllinien aus Hamster-Eierstock-Zellen die Vermutung bestätigen, dass viele Maillard-Produkte eine Karzinogenität und Mutagenität aufweisen. Ziel der Forscher war und ist es, eine Übertragbarkeit der Ergebnisse auf den Menschen zu etablieren. Dies war bisher noch nicht möglich, so dass keine verbindliche Aussage darüber gemacht werden kann, ob Maillard-Produkte die menschliche Gesundheit beeinflussen.

Da einige Verbindungen jedoch per se in hohen Mengen eine nachgewiesene Toxizität aufweisen wie beispielsweise Acrylamid als Nervengift oder 5-Hydroxymethylfurfural, sollten bei der Zubereitung von Lebensmitteln im privaten Haushalt sowie in der Lebensmittel-verarbeitenden Industrie bestimmte Grundregeln eingehalten werden, was die Temperatur und die Dauer der Temperatureinwirkung angeht. Dies gilt insbesondere für AGEs bei Risikogruppen wie Diabetiker und Patienten mit Niereninsuffizienz, welche durch ihre Krankheiten an sich schon „vorgeschädigt“ sind und es vermeiden sollten, zusätzliche Belastungen durch Maillard-Produkte wie AGEs aufzunehmen. Ebenso lässt sich durch Einstellung des pH die Bildung von Maillard-Produkte, welche nicht erwünscht sind, teilweise regulieren.

Abschließend sei gesagt, dass es in dem Bereich um die Maillard-Reaktion noch viel zu erforschen gibt. Erst, wenn diese komplexe Reaktion mit ihrer Vielzahl an Produkten komplett aufgeklärt ist, wird es möglich sein, das Schadstoffpotential insgesamt abzuschätzen. Für einzelne Produkte ist dies bereits wie erwähnt gelungen, jedoch fehlt die Möglichkeit, die Ergebnisse auf den Menschen zu übertragen und die einzelnen bereits bekannten Maillard-Produkte als nachweislich karzinogen und/oder mutagen für den menschlichen Organismus einzustufen.

Literaturverzeichnis

[1] Baltes, Werner: Lebensmittelchemie. 5., vollständig überarbeitete Auflage, Berlin: 2000 (Springer Verlag)

[2] Franzke, Claus: Allgemeines Lehrbuch der Lebensmittelchemie. 3. Auflage, Hamburg 1996 (Behr's Verlag)

[3] Ebermann, Robert; Elmadfa, Ibrahim: Lehrbuch der Lebensmittelchemie und Ernährung. Wien: 2008 (Springer Verlag)

[4] Belitz, Hans-Dieter; Grosch, Werner; Schieberle, Peter: Lehrbuch der Lebensmittelchemie. 5., vollständig überarbeitete Auflage, Berlin: 2001 (Springer Verlag)

[5] Maslo R. (2005) Maillard-Reaktionsprodukte in Lebensmitteln: Mögliche gesundheitliche Bedeutung. *Journal für Verbraucherschutz und Lebensmittelsicherheit, 1:* 125-134

[6] Römpp, Hermann; Falbe, Jürgen; Regitz, Manfred. Lexikon Chemie. 10. vollständig überarbeitete Auflage, Stuttgart: 1999 (Thieme Verlag)

[7] Kreutzig, Thomas: Kurzlehrbuch Biochemie. 11. Auflage, München: 2002 (Urban & Fischer)

[8] Ames B. N., McCann J., Yamasaki E. (1975) Methods for detecting carcinogens and mutagens with the salmonella(mammalian-microsome mutagenicity test. *Mutation Research* 31: 347-64

[9] Fenech M. (2000) The in vitro micronucleus technique. M*utation Research* 455: 81-95

[10] Van der Lelie D. et al. (1998) VITOTOX bacterial genotoxicity and toxicity test for rapid screening of chemicals.

[11] Tareke E., Rydberg P., Karlsson P., Eriksson S., Törnqvist M. (2002) Analysis of Acrylamide, a Carnogen Formed in Heated Foodstuffs. *Journal of Agricultural and Food Chemistry* 50: 4998-5006

[12] Hintermaier-Erhard G. (2002) Lebensmittelsicherheit: Acrylamid. *Umweltchemie und Ökotoxologie* 4: 266-267

[13] Tareke E., Rydberg P., Karlsson P., Eriksson S., Törnqvist M. (2000) Acrylamide: A Cooking Carcinogen?. Chemical Research in Toxicology 13: 517-522

[14] Klaunig J.E. (2008) Acrylamide Carcinogenicity. Journal of Agricultural and Food Chemistry 56: 5984-5988

[15] Mortimer, Charles E., Müller, Ulrich: Das Basiswissen der Chemie. 9., überarbeitete Auflage, Stuttgart: 2007 (Thieme)

[16] Antal M.J., Mok W.S.L. (1990] Mechanism of formation of 5-(hydrdoxymehtyl)2-furaldehyd from D-fructose and sucrose. *Carbohydrate Research* 199: 91-109

[17] Nassberger L. (1990) Influence of 5-hydroxymethylfurfural (5-HMF) on the overall metabolism of human blood cells. Human & Experimental Toxicology 9:211-214

[18] Rasmussen A, Hessov I., Bojsen-Moller M. (1982) General and local toxicity of 5-hydroxymethyl-2-furfural in rabbits. *Acta Pharmacologica et toxicoliga* 50: 81-84.

[19] Archer M.C., Bruce W.R., Chan C.C., Corpet D.E., Medline A., Roncucci L., Stamp D. and Zhang X.M. (1992) Aberrant crypt foci and microadenoma as markers for colon cancer. *Environmental Health Perspectives* 98: 195-197

[20]] Ying D., Kevin P., Weihan Z., Xiaoqiang Y. Jianrong H. (2005) 5-(hydroxymethyl) furfural and derivatives as inhibitors of TNFalpha and IL-1beta production. US Patent 2005 124684 Ai

[21] Michail K., Matzi V., Maier A., Herwig R., Greilberger J., Juan H., Kunert O., Wintersteiger R. (2007) Hydroxymethylfurfural: an enemy or a friendly xenobiotic? A bioanalytical approach. *Anal Bioanal Chem* 387: 2801-2814

[22] Hiramoto K., Sekiguchi K., Ayuha K., Aso-o R., Kato T., Kikugawa K. (1996) DNA breaking acitvity and mutagenicity of soy sauce: characterization of the active components and identification of 4-hydroxy-5-methyl-3(2H)furanone. *Mutation Research* 359: 119-132

[23] Hiramoto K., Nasuhara A., Michikoshi K., Kato T., Kikugawa K. (1997) DNA strand-breaking activity and mutagenicity of 2,3-dihydro-3,5-dihydroxy-6-methyl-4H-pyran-4-one (DDMP), a Maillard reaction product of glucose and glycine. *Mutation Research* 395:47-56

[24] Lin J.Y., Lee H., Huang H.I. (1982) Formation of mutagens in boiled pork extract. Food and Chemical Toxicology 20:531-533

[25] Lee H., Bian S.S., Chen Y.L. (1993) Genotoxicity of 1,3-dithiane and 1,4-dithiane in the CHO/SCE assay and the Salmonella/microsomal test. *Mutation Research* 321: 213-218

[26] Kikugawa K., Hiramoto K., Kato T., Yanagawa H. (2000) Effect of food reductones on the generation of the pyrazine cation radical and on the formation of the mutagens in the reaction of glucose, glycine and creatinine. Mutation Research 465: 183-190

[27] Kato T., Harashima T., Moriya N., Kikugawa K., Hiramoto K. (1996) Formation of the mutagenic/carcinogenic imidazoquinoxaline-type heterocyclic amines through the unstable free radical Maillard intermediates and its inhibition by phenolic antioxidants. *Carcinogenesis* 17: 2469-2476

[28] Kikugawa K., Kato T., Hiramoto K., Takada C., Tanaka M., Maeda Y., Ishihara T. (1999) Participation of the pyrazine cation radical in the formation of mutagens in the reaction of glucose/glycine/creatinine. *Mutation Research* 444: 133-144

[29] Sigurima T., Sato S. (1983) Mutagens-carcinogens in food. *Cancer Research* 43: 2415s-2421s

[30] Skog K. (1993) Cooking procedures and food mutagens: a literature review. Food and Chemical Toxicology 31: 655-675

[31] Erbersdobler H.F., Faist V. (2001) Metabolic Transit and in vivo Effects of Melanoidins and Precursor Compounds Deriving from the Maillard Reaction. *Annals of Nutrition & Metabolism* 45: 1-12

[32] Taylor J.L.S., Demyttenaere J.C.R., Tehrani K.A., Olave C.A., Regniers L., Verschaeve L., Maes A., Elgorashi E.E., van Staden J., de Kimpe N. (2004) Genotoxicity of Melanoidin Fractions Derived from a Standard Glucose/Glycine Model. *Journal of Agricultural and Food Chemistry* 52: 318-323

[33] Layton D.W., Bogen K.T., Knize M.G., Hatch F.T., Johnson V.M., Felton J.S. (1995) Cancer Risk of heterocyclic amines in cooked foods: an analysis and implications for research. *Carcinogenesis* 16: 39-52

[34] Ohgaki H., Takayama S., Sugimura T. (1991) Short review of the carcinogenicities of mutagens in food pyrolysates. In Hayatsu H. *Mutagens in Food: Detection and Prevention*, 219-228

[35] Nagao M., Sugimura T. (1993) Carcinogenic factors in food with relevance to colon cancer development. *Mutation Research* 290: 43-51

[36] Johansson M.A.E., Fay L.B., Gross G.A., Olsson K., Jägerstad M. (1995) Influence of amino acids on the formation of mutagenic/carcinogenic heterocyclic amines in a model system. *Carcinogenesis* 16: 2553-2560

[37] Manabe S., Kurihara N., Wada O., Tohyama K., Aramaki T. (1992) Formation of PhIP in a mixture of creatinine, phenylalanie and sugar or aldehyde by aqueous heating. *Carcinogenesis* 13: 827-830

[38] Shioya M., Wakabayashi K., Sato S., Nagao M., Sugimura T. (1987) Formation of a mutagen, 2-amino-1-methyl-6-phenylimidazo[4,5-b]pyridine (PhIP) in cooked beef, by heating a mixture containing creatinine, phenylalanine and glucose. *Mutation Research* 191: 133-138

[39] Skog K., Jägerstad M. (1991) Effect of glucose formation of PhIP in a model system. *Carcinogenesis* 12: 2297-2300

[40] Taylor R.T., Fultz E., Knize M.G., Felton J.S. (1987) Formation of the fried ground beef mutagens 2-amino-3-methylimidazo[4,5-f]quinoline (IQ) and 2-amino-1-methyl-6-phenylimidazo[4,5-b]pyridine (PhIP) fromL-phenylalanine (phe) + creatinine (Cr) or creatine. *Environmental Mutagenesis* 9: 106

[41] Övervik E., Kleman M. Berg I., Gustaffson J-A. (1989) Influence of creatine, amino acids and water on the formation of the mutagenic heterocyclic amines found in cooked meat. *Carcinogenesis* 10: 2293-2301

[42] Bierhaus A., Hofmann M.A., Ziegler R., Nawroth P.P. (1998) AGEs and their interaction with AGE-receptors in vascular disease and diabetes mellitus.I. The AGE concept. *Cardiovascular Research* 37: 586-600

[43] Janzowski C., Glaab V., Samimi E., Schlatter J., Eisenbrand G. (2000) 5-Hydroxymehtylfurfural: assessment of mutagenicity, DNA-damaging potential and reactivity towards cellular glutathione. *Food and Chemical Toxicology* 38: 801-809

[44] Bierhaus A. (2004) RAGE- Das Geheimnis des Altern. *UGB-Forum* 6: 296-299

[45] Erbersdobler H.F. (2005] Schlacken. *Ernährungsumschau* 52: 257

[46] Jeschke G.(1998) Einführung in der ESR-Spektroskopie. *Skript zur Vorlesung von H.W.Spieß.*

[47] Müller J., Rösch D., Kroh L.W. (2005] Elektronen-Spektroskopie (ESR)

[48] Jayapal K.P., Wlaschin K.F., Hu W.-S., Yap M.G.S. (2007) Recombinant Protein Therapeutics from CHO-Cells- 20 Years of counting. C*HO Consortium, SBE Special Section*